DISCOURS

PRÉLIMINAIRE

D'UN

TRAITÉ DE PHYSIQUE VÉGÉTALE,

PAR M. BOSC-D'ANTIC,

PRÉSIDENT DE LA SOCIÉTÉ.

SOCIÉTÉ D'AGRICULTURE,

SCIENCES NATURELLES ET ARTS

DU DÉPARTEMENT DU DOUBS.

EXTRAIT

Du Procès-Verbal de la Séance du 11 Mars 1837.

M. le Président donne lecture à l'assemblée du Discours préliminaire du *Traité de Physique végétale appliquée à l'agriculture,* qu'il s'est chargé de rédiger, au nom de la Société, pour l'instruction élémentaire des habitants de la campagne ; ce discours, contenant les vues et les motifs de cette utile publication, ainsi que le plan raisonné de l'ouvrage, la Société, dans l'intention de réunir les suffrages des Administrateurs chargés de la direction de l'instruction primaire, et ceux des agronomes et des bons praticiens, décide que ce Discours sera imprimé et distribué préalablement, qu'il en sera envoyé des exemplaires à M. le Ministre des travaux publics, de l'agriculture et du commerce, à M. le Ministre de l'instruction publique, à MM. les Administrateurs, aux Sociétés correspondantes, et à ses Membres résidants et non résidants.

Pour extrait :

Le Président, *Signé* BOSC.

Le Secrétaire, *Signé* A. LAURENS.

SOCIÉTÉ D'AGRICULTURE,

SCIENCES NATURELLES ET ARTS DE BESANÇON.

TRAITÉ

DE

PHYSIQUE VÉGÉTALE

APPLIQUÉE A L'AGRICULTURE.

AVERTISSEMENT.

Dans la séance du 5 septembre 1835 de la Société d'encouragement pour l'industrie nationale, M. le baron Silvestre, lui faisant un rapport au nom de son comité d'agriculture sur la nécessité d'entretenir à ses frais deux élèves à l'Ecole royale d'agriculture de Grignon, s'exprimait ainsi :

« Il suffit, dans les arts industriels, d'obtenir une » découverte qui constitue le progrès, pour que de » toutes parts des hommes industrieux et des capita- » listes se présentent pour exploiter les nouvelles ri- » chesses que le génie apporte à la fabrication.....

» L'agriculture est dans une position très-diffé-
» rente ; la difficulté n'est pas d'inventer des procédés
» d'agriculture plus fructueux, des instruments ru-
» raux perfectionnés, de désigner quelques plantes qui
» puissent être cultivées avec succès, ou quelque race
» d'animaux à introduire et à conserver. La grande
» difficulté consiste dans les moyens de multiplier
» les applications autant qu'il serait désirable. Nos
» cultivateurs manquent en général d'instruction et
» de capitaux ; ils ne lisent point, et se préviennent
» volontiers contre les choses nouvelles dont on les
» engage à essayer la pratique. Leurs habitudes, leurs
» occupations multipliées, et la faiblesse de leurs
» moyens pécuniaires les astreignent à suivre la rou-
» tine, à laquelle ils croient devoir les recouvrements
» qui souvent les dédommagent si faiblement de leurs
» pénibles travaux ; aussi voyons-nous sur une im-
» mense partie du sol les cultivateurs conserver les
» *jachères*, l'assolement triennal, et considérer la
» production du blé comme la plus appréciable de
» leurs récoltes, bien qu'il puisse être démontré que
» le prix du blé, qui atteint à peine en ce moment
» celui qu'il avait habituellement il y a 60 ans, est
» aujourd'hui incapable de couvrir les dépenses qu'ils
» ont faites pour l'obtenir. »

Ces vérités, proclamées par un de nos illustres agronomes, sont senties et appréciées par tout le monde : je m'en suis moi-même convaincu, dans les communications que j'ai eues avec les habitants de nos campagnes. Elles suffiraient peut-être pour justifier l'utilité du livre que je destine à l'instruction de nos jeunes cultivateurs, qui, après avoir appris dans nos écoles primaires à lire, écrire et calculer, se destinent aux pénibles travaux de la culture.

Outre les puissants motifs qu'indique M. Silvestre, et en adoptant avec lui que le manque d'instruction et de moyens pécuniaires soit la principale cause du peu de progrès de l'agriculture, j'y ajouterai quelques considérations nouvelles. L'entêtement de nos cultivateurs à ne jamais s'écarter de leur vieille routine tient moins au manque d'instruction qu'à un préjugé ancien et invétéré, qui s'est transmis d'âge en âge dans nos campagnes. Ils croient que les traditions de leurs pères sont les seules bonnes et les seules praticables; aussi les voit-on souvent varier leur pratique, de commune à commune, sans que rien en puisse justifier la nécessité. Infestés de ces préjugés, nos laboureurs ne lisent point, ne veulent pas lire, et repoussent les conseils qu'on leur donne.

En vain chercheriez-vous à leur démontrer l'inutilité des jachères, les avantages et les profits d'un meilleur assolement approprié au sol, d'où résulte à la fois une récolte de fourrage plus abondante, l'entretien d'un bétail plus nombreux, une plus grande masse d'engrais et une diminution sensible des frais de culture. En vain vous leur prouverez qu'un hectare de terre bien cultivé, préparé par des cultures sarclées, qui nettoient le sol, labouré à temps utile et largement fumé, rapporte plus de froment que deux hectares mal soignés, fumés avec parcimonie, et qui se couvrent spontanément de plantes parasites qui entraînent la nécessité de sarclage coûteux.

N'espérons donc rien des livres et des instructions répandus dans nos campagnes. Ils y sont repoussés : les habitudes routinières de nos cultivateurs les empêcheront encore longtemps de tenter aucunes des améliorations reconnues utiles, et leur position précaire et toujours embarrassée les détourne de tenter des essais qui nécessitent quelques frais.

La jeunesse est exempte de préjugés, susceptible de toutes les bonnes impressions et d'une généreuse émulation : c'est en l'instruisant, dans les écoles primaires, de la théorie de l'art qu'elle est appelée à exercer, que vous parviendrez à extirper les ronces de la routine, que vous disposerez nos jeunes agriculteurs à lire avec fruit les ouvrages de nos agronomes, que vous les convaincrez que la nature a des lois que l'homme ne peut enfreindre, et que la science et sa théorie ne sont que l'étude et la connaissance de ces lois.

Ces reproches ne sont point amers; ils me sont inspirés par l'état malheureux où se trouvent les cultivateurs. Leur position s'améliorera dès qu'ils en sentiront la possibilité, je dis plus, la nécessité ; c'est donc pour atteindre ce but que je me suis proposé d'introduire dans nos écoles primaires l'étude des principes physiques de la théorie agricole, et de leur faire comprendre que tout ce qui augmente les produits de la terre et diminue les frais de culture, est bénéfice réel pour eux, qui travaillent eux-mêmes [1].

[1] M. Oscar Clerc-Thouin, qui professe au Conservatoire des arts le cours général d'agriculture, a émis la même opi-

Par un calcul barbare on a longtemps tenu dans l'abrutissement et l'ignorance les campagnes, pour les dominer; mais depuis un demi-siècle l'éducation primaire a fait partout d'immenses et remarquables progrès. Tel qui aurait parcouru nos communes à cette époque et qui les verrait aujourd'hui, en serait frappé. Nous n'aurons plus rien à désirer à cet égard lorsque la loi du 28 juin 1833 aura complété ce système et reçu tous ses développements. L'établissement des écoles normales formera de bons maîtres d'école, et je ne vois aucune objection solide à faire contre la proposition que je fais d'introduire dans nos écoles primaires l'étude des principes de l'agriculture, lorsque les maîtres pourront aplanir pour les élèves les difficultés de cette étude, et en assurer le succès.

Si nous comparons maintenant la position respective des agriculteurs et des industriels, nous resterons convaincus que les premiers réclament toute la sollicitude du gouvernement et les méditations des hommes d'état. En effet, à mesure que la classe industrielle marche vers les progrès, la classe agricole, sans contredit la plus nombreuse et la plus utile, s'appauvrit.

Nos manufactures et le commerce des villes offrant aux habitants des campagnes des travaux moins pénibles et plus lucratifs, ils y accourent. C'est ainsi que dans les villages la main-d'œuvre devient de plus en

nion. Dans le discours d'ouverture de son cours, le 12 décembre 1836, il disait :

« La connaissance des lois de la végétation est la base la plus importante de l'agriculture, et devrait l'être de tous ses tra-

plus rare, et le salaire excessif. Les communes les plus éloignées des villes sont par cette raison menacées d'une ruine prochaine.

Vers la fin du siècle dernier, les économistes évaluaient assez exactement les bénéfices du cultivateur à 33 p. °/₀ ; mais alors les manouvriers émigraient moins, et s'engageaient, ou à l'année, ou temporairement, comme garçons de ferme ; le prix des denrées nécessaires à l'exploitation agricole, variait peu et coûtait moins qu'aujourd'hui ; maintenant, surtout à l'approche des récoltes, la main-d'œuvre est plus que doublée ; elle est rare, et chacun sait ce que coûtent le fer, le bois, les cuirs, et tout ce qui fait partie d'une exploitation rurale.

On peut affirmer, sans se tromper, que l'accroissement des frais de culture augmente progressivement, sans que les produits suivent la même progression. Il y a 40 ans que nos agronomes les portaient à 52 p. °/₀, les travaux faits pour le cadastre, les ont évalués à 56, et un travail exact, relativement à la localité pour laquelle il a été fait, les fixe en ce moment à 80 p. °/₀.

Cependant le prix du blé, la plus importante des productions de la culture, n'a point augmenté, et n'est pas suceptible d'augmentation, ainsi que je vais le prouver. C'est donc par le travail de ses mains et de celles de sa famille que le cultivateur supplée aux profits qu'il devait espérer ; et souvent, surtout dans la culture des céréales, ses frais dépassent la valeur des produits. Comment, dès-lors, espérer que l'agriculteur tente des améliorations, qui, dans l'agriculture comme dans les arts, supposent des bénéfices réalisés ?

Je viens de dire que le prix du grain ne peut pas augmenter comme les produits des fabriques. Dans aucun pays, en effet, il n'est au pouvoir ni du fermier, ni du propriétaire d'en fixer le prix; partout la consommation en est limitée par la population et le régime diététique du peuple, qui varie peu. La valeur vénale du grain est donc toujours déterminée par l'abondance ou la disette de la récolte, et le prix fixé par la concurrence entre les consommateurs et les vendeurs sur le marché.

Il n'en est pas de même des produits de l'industrie : la consommation augmente non-seulement avec la population, mais encore avec l'augmentation de la richesse nationale, et successivement, lorsque l'industrie, par des procédés plus économiques et des machines ingénieuses et accélératrices, diminue la valeur de ses produits.

J'ai prouvé que le régime diététique des peuples varie peu : un homme généralement ne mange pas le double d'un autre ; mais celui qui ne portait, il y a 20 ans, qu'un habit de *bure*, en porte maintenant un de drap. Celui qui n'usait qu'un habit par an, en achète deux aujourd'hui. La femme qui naguère se vêtissait de *droguet* fabriqué dans son village, a maintenant une robe de toile peinte d'Alsace, ou de cotonnade de Rouen. L'industrie, après avoir satisfait les fantaisies du riche dans les villes, finit par alimenter les besoins du pauvre dans les campagnes. Il n'y a pas plus de trente ans que nos villageois ne portaient que des galoches de toile; maintenant ils portent tous des bas. Ils ignoraient l'usage des parapluies; tous en ont aujourd'hui.

Une observation qui a peu frappé nos écrivains en économie politique, ou du moins que je n'ai vue nulle part bien développée, c'est l'influence qu'a opérée sur le prix des produits de l'industrie la suppression des corporations d'arts et métiers.

Sous le régime prohibitif des corporations, chaque profession était limitée; le marchand en gros ne devait pas vendre au détail, le fileur ne pouvait pas tisser, l'imprimeur de toile ne pouvait pas blanchir, etc. La marchandise n'arrivait au consommateur qu'après avoir passé par les mains de 10 et 12 intermédiaires qui percevaient chacun un bénéfice qui la renchérissait le plus souvent de 60 à 80 p. %. Affranchi de ces entraves, le fabricant fait subir à la matière première toutes ses préparations, et la vend directement au détaillant, sans qu'elle passe entre les mains d'aucun intermédiaire. Cet avantage a tourné au profit du consommateur, et opère en grande partie la baisse surprenante des produits industriels.

Les produits agricoles n'ont jamais eu d'intermédiaires entre le producteur et le consommateur; mais s'il est prouvé que presque tous les frais de culture s'évaluent par la main-d'œuvre qu'elle exige, il devient évident que si on épargne une partie de ces frais par des assolements bien raisonnés et par l'emploi de machines et d'instruments accélératifs, tout en augmentant les profits du cultivateur, on accroît la richesse du pays dans une proportion incalculable;

car, en France, le rapport des produits industriels avec ceux du sol est à peu près comme 1 est à 3. C'est là où doivent tendre tous nos efforts, et c'est là le but de l'instruction que nous nous efforçons de faire admettre dans nos écoles primaires, et de répandre à la fois sur tous les points de ce vaste et bel empire.

Maintenant le cultivateur, esclave aveugle de sa routine, semble s'obstiner à augmenter sa dépense à mesure qu'elle s'accroît, par des forces qu'il ne peut vaincre, au lieu d'employer des semoirs qui économisent moitié de la semence, l'enterrent à une profondeur toujours égale, sans en perdre un grain ; ces semoirs, dont une longue expérience a consacré les avantages, qui, semant le blé en rayons, favorisent les influences atmosphériques et facilitent le sarclage et le binage par une opération si facile, si rapide et si économique, qu'on peut souvent la répéter ; les cultivateurs continuent à semer à la volée, quoiqu'ils sachent qu'ils perdent une partie de leur grain, dévoré par les insectes, les oiseaux, ou périssant par les intempéries des saisons. Il est difficile, quelque exercé que soit le laboureur, de semer régulièrement à la main. Si la semence est prodiguée, la récolte pousse en herbe et réussit mal. Si elle est trop rare sur un champ mal préparé et fumé avec parcimonie, il se couvre de plantes adventices, qu'il faut extirper par une main-d'œuvre coûteuse.

Le cultivateur aurait évité ces inconvénients par l'emploi du semoir, et d'un bon assolement qui nettoie le terrain par des récoltes préparatoires ; il augmenterait ses profits en remplaçant l'infructueuse jachère par la culture des plantes fourrageuses et des racines, qui épuisent peu le sol. Il y trouverait le moyen d'augmenter son bétail et d'avoir plus d'engrais. Il diminuerait ses frais, si, au lieu d'employer une troupe de moissonneurs, qu'il paie chèrement, il adoptait la faux appropriée à cet usage. Il diminuerait ses frais des quatre cinquièmes, s'il employait pour battre ses récoltes, les moulins qui dépiquent beaucoup mieux le grain que le fleau. Je n'étendrai pas davantage ce tableau : la misère de nos cultivateurs tient à leur persistance et à leur haine pour toutes les inventions qui les font sortir de leur routine. Ils ne conçoivent pas ou ne veulent pas concevoir que tout ce qui leur épargne du temps et de la main-d'œuvre, est pour eux un bénéfice.

C'est à l'ingénieuse invention des moulins à filer que l'Angleterre doit sa suprématie manufacturière ; c'est au perfectionnement des machines à vapeur qu'elle doit ses nombreuses usines. Notre prospérité date du moment où nous les avons transportées sur le continent.

« La plupart des professions peuvent être art ou » métier, selon que celui qui les pratique le fait avec » plus ou moins de connaissance, d'intelligence, et » par suite de succès ; car une profession pratiquée » comme art est bien plus profitable à celui qui s'y » livre, que pratiquée comme métier. Il en est de » même de la culture, entre les mains des cultiva- » teurs ignorants qui ne suivent que la *coutume* (la » routine) ; elle est restée un métier pénible et peu

» lucratif, tandis que chez le cultivateur instruit, elle » est le plus noble et le plus avantageux de tous les » arts. » (L. Moll, manuel d'agriculture, 1835.) Tel est le but de l'instruction que nous voudrions donner à nos jeunes cultivateurs dans les écoles primaires.

Nier que la culture de la pomme-de-terre, qui a cédé aux efforts et à la constance du philanthrope Parmentier, nous a affranchi du fléau des disettes; que celle des prairies artificielles, que nous devons aux exemples des propriétaires-cultivateurs et qui commence à se répandre, a enrichi la France, ce serait nier la lumière. Mais que ces progrès sont lents et la démonstration difficile ! L'assolement triennal a jusqu'à présent résisté aux efforts de nos agronomes, et la confection des instruments aratoires perfectionnés et accélératifs n'a pas encore pu se fixer dans nos campagnes.

Partout, dans nos villes, une jeunesse studieuse et avide de connaissances, a mis à profit les nombreuses écoles et les cours publics où l'on s'occupe des applications des sciences aux arts industriels, et c'est à cette étude que nous devons les succès de nos fabriques. L'agriculture, au contraire, est restée stationnaire dans nos campagnes. Le villageois, attaché à la glèbe, fixé au sol de sa commune, ne connaît que ce qui s'y pratique; il considère comme une lueur trompeuse et qui doit l'égarer, tout ce qui le sort de ses habitudes et de ce qu'il voit faire autour de lui. Les nombreux écrits de nos agronomes lui sont inconnus; il ne lit point les instructions des sociétés d'agriculture; il ne profite point des leçons des fermesmodèles, des conseils des comices ruraux, et ne peut pas envoyer ses enfants dans les écoles spéciales d'agriculture, où leur admission lui deviendrait trop onéreuse. C'est dans sa commune qu'il faut l'instruire, c'est sur les champs qu'il laboure qu'il faut lui démontrer les bonnes pratiques et lui en faire apprécier la théorie; hors de là tout lui devient indifférent.

C'est donc dans l'école primaire de son village qu'il faut le préparer à l'étude des lois de la nature et des principes de la végétation. C'est pour nos jeunes cultivateurs qu'il faut populariser la science, pour les disposer à lire les ouvrages de nos agronomes qui peuvent rectifier leur routine vicieuse.

L'intérêt pécuniaire de nos agriculteurs réclame même ce perfectionnement dans les écoles primaires; car c'est alors, et alors seulement, que nous verrons les bonnes doctrines remplacer l'aveugle routine des siècles passés, et les bons exemples, en se multipliant sur tous les points de notre vaste territoire, stimuler par l'appât du gain les plus indolents et les plus paresseux.

Tous les grains confiés à la terre ne germent pas également bien. Je conçois que l'instruction agricole ne réussira pas également parmi tous les élèves. Mais que, dans chaque commune, un seul obtienne des succès, on peut être assuré que l'agriculture y sera régénérée, et que bientôt la culture des terres sera améliorée sur tout son territoire. L'exemple des cultivateurs du même village est bien plus efficace entre eux, que celui des étrangers dont ils se méfient et dont ils nient les succès.

Tel est le but de l'ouvrage que j'offre au public sous le titre de *Traité élémentaire de Physique appliquée à l'agriculture, à l'usage des écoles primaires.*

J'avais à choisir, pour sa rédaction, entre deux modes ; celui adopté par Humpry Davi et Chaptal ; déduire de la pratique de l'agriculture sa théorie et les lois de la physique auxquelles elle se rapporte, ou enseigner aux élèves la théorie physique et les lois de la végétation, pour en faire ensuite l'application aux pratiques de la culture. Je me suis décidé pour le dernier mode d'enseignement, comme le plus rationnel et le plus convenable. Ainsi, ce Traité est divisé en deux parties, la physique terrestre et céleste, et son application aux opérations agricoles.

En faisant concevoir aux élèves de la campagne les les effets de l'air, de l'eau, de la chaleur, de la lumière et de l'électricité, non-seulement sur la végétation mais même sur notre vie, je leur donne une instruction dont ils peuvent profiter à tous les instants. J'ai cru devoir y joindre quelques éléments de cosmographie. Pourquoi priverais-je les élèves de l'étude des lois qui régissent l'univers? pourquoi leur laisser ignorer la marche immuable des astres resplendissants qui se balançent sur nos têtes, dans l'azur des cieux? pourquoi ne pas leur faire connaître par quel miraculeux mécanisme les saisons se renouvellent et les jours croissent et décroissent avec une merveilleuse régularité? n'ont-ils pas un vif intérêt à étudier l'influence des climats et des latitudes sur la végétation des plantes?

J'ai dû rendre ce Traité le plus court, le plus précis, le plus exact et le plus intelligible possible. J'en ai banni toutes les formules scientifiques, et j'ai réduit le nombre des gravures à celui strictement nécessaire pour faciliter l'intelligence de l'ouvrage.

Je crois impossible d'enseigner utilement une science sans en adopter le langage. Chaque mot est destiné à exprimer la chose qu'il représente ; et si on veut l'éviter, il faut employer des périphrases qui embrouillent plus qu'elles n'éclairent le texte, qu'elles allongent inutilement. Comme ces mots sont presque tous tirés du grec et du latin, j'ai eu soin d'en donner l'étymologie dans des notes explicatives ; ce moyen efficace les grave profondément dans la mémoire des élèves.

J'entends des critiques sévères s'écrier : quoi ! vous voulez faire des habitants de nos campagnes des savants, des chimistes, des physiciens, et leur en faire parler la langue ? Non, je n'ai point cette prétention; mais je voudrais leur inspirer le goût de l'art qu'ils doivent exercer, et leur apprendre à lire avec fruit les ouvrages qui en ont traité. N'est-ce pas là le but de toutes les écoles où l'on instruit la jeunesse ? On la prépare plus à s'instruire en lui en fournissant les moyens qu'on ne l'instruit réellement : je ne connais rien de plus pernicieux dans les arts et dans l'agriculture, que les livres de recettes. Ils égarent celui entre les mains de qui on les met, s'il n'est pas en état de discerner ce qui est applicable à son art ou à la localité qu'il habite.

Si je dis au fils d'un jardinier qu'une fève plantée en saison favorable, donne sa récolte lorsqu'elle a parcouru toutes les phases de sa végétation et reçu les soins que sa culture exige, et que je lui indique, il est évident que je ne lui apprends rien que ce qu'il a vu pratiquer à son père. Mais si je lui démontre que cette fève, par le concours de l'air, de l'eau et de la chaleur, se gonfle dans la terre, et se sépare en deux parties que l'on appelle *lobes,* que sa substance aride et amilacée se transforme en un suc doux et laiteux qui sert de nourriture à l'*embrion,* que le germe que je lui ai fait apercevoir se divise en la *radicule* qui s'enfonce irrévocablement dans la terre par cette loi qui régit l'univers, que l'on appelle *gravitation,* pour former les racines ; tandis que la *plantule* s'élève dans les airs pour former la tige, aussitôt que les racines peuvent lui transmettre les sucs nourriciers de la terre pour former le bois, l'écorce et la moëlle. Si je lui fais apercevoir que les *lobes* devenus sans emploi tombent et périssent en sortant de terre, que les feuilles qui se développent vivent des gaz qu'elles absorbent et décomposent dans l'air, tandis que les racines transmettent à la tige les sucs qu'elles élaborent. Si je lui apprends comment la fleur qui paraît, est fécondée par des organes mystérieux que je lui fais comprendre ; comment aussitôt que la fructification est achevée la fleur est flétrie et tombe, et la fructification s'achève par la maturité. J'intéresse l'élève, ces détails curieux fixent son attention, développent son intelligence tout en l'amusant. Des esprits chagrins s'écrieront encore que ces études sont hors de la portée des jeunes gens des écoles primaires. Cependant si l'on parvient à leur faire concevoir les abstractions de la syntaxe, et à vaincre l'aridité des opérations compliquées de l'arithmétique, pourquoi ne leur apprendrait-on pas les éléments d'une science toute de faits, qui frappe nos sens et se démontre aux yeux? d'une science dont l'étude est utile dans tous les instants de la vie?

Qu'on cesse donc de s'alarmer d'entendre prononcer dans nos écoles de campagne les noms d'*oxigène*, d'*hydrogène*, d'*azote* et de *carbone* etc., lorsque l'étymologie bien expliquée en indique l'usage. Ces mots techniqnes ont passé dans la langue vulgaire, depuis que le dictionnaire de l'Académie française les a admis et expliqués; que les journaux s'en servent tous les jours; que, dans toutes nos officines, les drogues sont étiquetées suivant la nouvelle nomenclature chimique, et qu'on peut obtenir chez un droguiste du chlore et des chlorures, et que l'on dit enfin du fer *oxidé* pour du fer rouillé.

Ce petit traité est divisé en leçons et en chapitres, qui se composent d'une série d'articles qui portent chacune un n°. d'ordre, et en marge un titre indicatif de leur objet, qui en facilite et en abrège la recherche. Cette première partie est entièrement théorique. Dans la seconde partie, à mesure que j'indique un procédé d'agriculture consacré par une longue expérience, je rapporte le numéro de l'article auquel il se rattache, et le titre qui est en marge en facilite la recherche. C'est ainsi que je fais sans cesse l'application de la théorie à la pratique.

En adoptant cet ordre, je trouve l'avantage d'offrir aux élèves une idée de ce vaste univers, et un aperçu des lois qui en règlent la marche immuable. Ils comprendront que les forces de la nature sans cesse agissantes, forment une foule de combinaisons nouvelles et incessantes; que la nature modifie tout, mais ne détruit rien. C'est ce grand et perpétuel mouvement qui entretient la vie matérielle et la végétation, qui s'éteint et se renouvelle à tous les instants. C'est là où se bornent toutes les connaissances humaines; aucune volonté ne peut en altérer les lois.

Cette étude aurait l'avantage, en éclairant nos cultivateurs, de les préserver pour toujours des préjugés ridicules, des terreurs risibles, et des pratiques superstitieuses qui infestent nos campagnes, et dont les hommes simples sont souvent les victimes. Plus instruits, dès-lors, de la nature, nos élèves n'écouteront plus les charlatans qui les trompent; ils ne croiront plus aux sorciers qui jettent des sorts sur leurs troupeaux, aux empiriques, qui les guérissent avec des paroles ou des amulettes. Ils n'attribueront plus à la lune une influence qu'elle n'a pas, et ne s'effraieront pas d'une éclipse ou d'une comète. Une étoile filante ne sera plus pour eux un indice de mort, et la chûte d'une *aérolithe,* ou pierre tombant du ciel, ne les surprendra pas plus que les pluies de feu, de graines, la neige rouge, etc., que l'on observe en différents pays.

Nos élèves comprendront le danger de sonner les cloches pendant l'orage, contrairement aux ordonnances qui le défendent, et s'ils en sont atteints en rase campagne, ils éviteront de s'abriter sous des arbres isolés. On ne peut disconvenir qu'au sortir des écoles telles que je les propose, les élèves concevront l'inutilité des jachères, les avantages d'un meilleur assolement, les profits qu'offre la culture des plantes fourragères et légumineuses, la multiplication des bestiaux et l'augmentation des engrais, puisque les bestiaux et les engrais sont la richesse du cultivateur. Ils pourront enfin profiter de la lecture des ouvrages de nos agronomes, et discerner dans ces ouvrages ce qui est applicable à la localité qu'ils habitent.

Si ce livre offre quelque utilité, c'est surtout depuis la création des écoles normales, destinées à former de bons maîtres d'écoles, qui se trouveront assez instruits pour expliquer et faire comprendre à leurs élèves ce que mon ouvrage peut présenter d'obscur, ou d'une intelligence peu facile ; je me persuade, enfin, que l'étude que je propose, peuplant nos campagnes de cultivateurs laborieux et instruits, le propriétaire qui ne peut rien obtenir du fermier routinier, qui ne veut rien changer à sa pratique, s'empressera de s'associer avec nos jeunes élèves, en leur fornissant des bestiaux et des instruments aratoires perfectionnés. Qui peut dès-lors calculer où seront élevées les richesses agricoles de la France, lorsqu'on a sous les yeux l'étonnant accroissement de nos richesses industrielles, depuis que la science est venue éclairer la pratique de nos manufacturiers, et si les capitaux qui manquent à notre agriculture viennent à s'y fixer?

Je n'ai point voulu faire une *utopie;* si je ne suis parvenu qu'à rêver le bien, qu'on me le pardonne en faveur de mes motifs et de mes intentions.

NOMENCLATURE

DES ARTICLES DU

TRAITÉ ÉLÉMENTAIRE DE PHYSIQUE,

MÉTÉOROLOGIE ET DE COSMOGRAPHIE,

APPLIQUÉES A L'AGRICULTURE,

à l'usage des Écoles primaires.

PREMIÈRE PARTIE.

DÉFINITION DE L'AGRICULTURE.

PREMIÈRE LEÇON.

1. De l'atmosphère [1].
2. Qualités physiques de l'air.
3. Poids de l'air, pompes, syphons, casse-vessie, baromètres; leur construction.
4. Poids de la colonne d'air atmosphérique à la surface de la terre et à mesure qu'on s'élève.
5. Raréfaction, compression de l'air, fusil à vent.
6. Nécessité de l'air pour la vie, la végétation, etc.
7. L'air n'est point un élément; sa composition, ses combinaisons, son action sur les corps.
8. Combustion dans l'air et dans le gaz *oxigène*.
9. Du gaz azote; sa proportion et sa combinaison dans l'air atmosphérique. Provient de la décomposition des substances animales.

[1] On a placé à cet article une note explicative de l'objet de la chimie, de ses moyens de procéder, et la clef de la langue qu'elle a adoptée, ou de sa nouvelle nomenclature.

10. Du mélange dans l'air atmosphérique de l'*oxigène* et de l'azote, sur toute la terre et à toutes les hauteurs.
11. Des mélanges des gaz dans l'air; du gaz acide carbonique; sa composition; sa dissolution dans l'eau, par le carbone, tue les animaux, arrête la combustion; théorie des mortiers.
12. De l'eau dissoute dans l'air; son utilité, ses proportions.
13. Des émanations des gaz élevés de la terre, charriées par l'air; leurs dangers; moyens de les éviter.

Nota. — On a donné en note l'étymologie de tous les noms scientifiques que l'on a employés.

DEUXIÈME LEÇON.

14. Des fluides impondérables; du fluide magnétique et du fluide électrique.
15. Pierre d'aimant; pôles magnétiques; attraction et répulsion; déclinaison et inclinaison; rapprochement du fluide magnétique et électrique.
16. Du fluide électrique; définition de l'électricité.
17. Propriété de l'ambre, seul phénomène électrique connu des anciens; des corps qui prennent et de ceux qui ne reçoivent pas l'électricité.
18. Des bons conducteurs et des mauvais conducteurs de l'électricité, ou des corps isolants.
19. De la vîtesse du fluide électrique.
20. Des deux électricités.
21. De l'étincelle électrique; formation des orages.
22. Des Paratonnerres; leur théorie.
23. Temps que le bruit du tonnerre met à nous arriver.
24. De la chûte de la foudre, des circonstances qui la déterminent; danger de sonner les cloches et de s'abriter sous les arbres isolés.
25. Des effets de l'électricité sur les végétaux et sur les animaux; des poissons électriques.

TROISIÈME LEÇON.

26. Qualités physiques de l'eau, fluide limpide presque incompressible, dissout les sels et active la fermentation des substances animales et végétales.
27. Eau éminemment pure, distillée; eau de source; eau de rivière; eaux minérales; l'eau distillée à une température constante a servi à former l'unité des poids.
28. L'eau n'est point un élément; décomposition et recomposition de l'eau.
29. Proportion du gaz oxigène et hydrogène qui entrent dans la formation de l'eau; du gaz hydrogène, son poids, son utilité pour remplir les ballons; voyage aérien de M. Gay-Lussac.
30. Combinaison de l'hydrogène quand il a dissous du charbon (carbone); il sert à l'éclairage.
31. Différents états de l'eau fluide, solide, à l'état de vapeur; sa puissance à cet état, et son emploi pour faire mouvoir de puissantes machines.

QUATRIÈME LEÇON.

32. Définition de la chaleur.
33. Distribution de la chaleur sur le globe, suivant les saisons et les climats.
34. Des différentes sources de la chaleur; moyens de la produire.
35. De la chaleur animale à toutes les températures.
36. Dilatation de tous les corps de la nature par la chaleur; dilatation des métaux.
37. Propagation de la chaleur; chauffage par les foyers, les poëles, la vapeur de l'eau.
38. Des corps qui sont ou ne sont pas conducteurs de la chaleur.
39. De la chaleur rayonnante; ce que c'est.
40. De la chaleur spécifique des corps et de la manière de la mesurer; calorimètre.
41. Des degrés de chaleur nécessaires pour faire passer les corps de l'état solide à l'état fluide et aériforme.

42. De la mesure de la chaleur par le thermomètre, et de la construction des différents thermomètres et des pyromètres.

43. De la chaleur réfléchie; de la chaleur absorbée.

44. Équilibre de la chaleur dans tous les corps.

CINQUIÈME LEÇON.

45. De la météorologie et sa définition; chaleur centrale présumée, observée dans les mines profondes, suit un ordre régulier.

46. Le froid croît à mesure qu'on s'élève, suivant un ordre régulier.

47. La pesanteur de l'air diminue à mesure qu'on monte, et l'eau bout à un moindre degré de chaleur en suivant un ordre régulier et décroissant.

48. Il y a une couche de terre où la température reste invariable; construction des caves.

49. Chaleur à la surface de la terre, très-variable.

50. Mesure de l'humidité de l'air; hygromètres.

51. Explication du serein.

52. Phénomènes de la rosée, de la gelée blanche, de la lune dite rousse; utilité des abris.

53. Brouillards.

54. Nuages, pluie, neige, grésil, grêle; désastre de la grêle de 1788.

55. Verglas.

56. Neige rouge, pluie couleur de sang, neige jaune, neige noire, pluie de graine.

57. Aérolithes, ou pierres tombées du ciel.

58. Des vents, des ouragants, des trombes; vents alisés et des moussons; rhumbs des vents, et leur vîtesse.

SIXIÈME LEÇON.

59. Des effets de la lumière.

60. Manière dont la lumière nous arrive.

61. Des diverses sources de la lumière.

62. Vîtesse de la lumière qui arrive du soleil.

63. Décomposition de la lumière par le prisme.
64. Des différentes modifications de la lumière; coup d'œil sur la réfraction et la réflexion de la lumière; pourquoi nous n'apercevons pas les astres à leur véritable place.
65. De l'aurore; du crépuscule; des effets du mirage; du double soleil; des doubles lunes; instruments d'optique; lunettes d'approche; télescopes; microscopes, besicles, etc.; polarisation de la lumière; interférence; phares de Frenel [1].

SEPTIÈME LEÇON.

66. De la croûte superficielle de la terre; des mines que son sein renferme; des bouleversements présumables que le globe a éprouvés.
67. L'aplatissement de la terre aux pôles indique que dans l'origine le globe terrestre a été à l'état pâteux; la chaleur croissante, à mesure qu'on s'y enfonce, semble le confirmer. Des pierres et des métaux; leur décomposition forme la couche de terre végétale et arable.
68. La terre n'est point un élément; elle est formée des quatre terres primitives, la silice, la chaux, l'alumine et la magnésie.
69. Les quatre terres primitives sont des métaux combinés à l'oxigène de l'air; oxides de *silicium*, d'*alumnium*, de *calcium* et de *magnesium*.
70. Des moyens que la nature emploie pour former les sols arables; de la décomposition des rochers.
71. De la nomenclature des roches primitives; des roches secondaires et des terrains tertiaires; de l'inclinaison et du parallélisme des roches.
72. Désignation des roches primitives.
73. Des roches secondaires et tertiaires.
74. Des différents sols arables.
75. Des substances métalliques que renferme la terre.

[1] Ces objets étant étrangers à la physique végétale, ne sont indiqués que très-sommairement et comme liant les faits physiques.

HUITIÈME LEÇON.

76. De la chute des corps et de la gravitation.
77. Du soleil.
78. Des planètes et de leurs satellites.
79. Des étoiles; observations sur Sirius.
80. Des planètes intérieures et extérieures.
81. Des mouvements du soleil.
82. Observations sur Mercure.
83. Observations sur Vénus.
84. De la terre; son mouvement diurne et son mouvement annuel.
85. Des pôles du globe.
86. Des points cardinaux.
87. Preuves de la sphéricité de la terre; horizon, zénith, nadir, voyage autour du monde, éclipses.
88. Mesure des divisions de la terre.
89. Du cercle terrestre; mesure du diamètre et de la circonférence de la terre.
90. Aplatissement de la terre aux pôles; pourquoi les globes d'études sont-ils entièrement ronds.
91. Cercles qui divisent le globe.
92. Equateur, ou ligne équinoxiale.
93. Méridien.
94. Hémisphères.
95. Cercles parallèles, tropiques, cercles polaires.
96. Longitudes; ce que c'est.
97. Méridien convenu; ce que c'est.
98. L'heure avance ou retarde d'orient en occident; elle reste la même dans la ligne méridienne : exemple.
99. Observation des éclipses pour rectifier les longitudes.
100. Jour sidéral et jour solaire.
101. Des mouvements de la terre; force centrifuge; force centripète; attraction universelle démontrée.
102. De la longueur des jours et des nuits; des différentes saisons; causes de ces phénomènes.

103. Equinoxes.

104. Des jours au pôle et à l'équateur; la différence des latitudes fait varier la longueur des jours.

105. Equinoxe du printemps; solstice d'été; solstice d'hiver; équinoxe d'automne; révolution annuelle de la terre.

106. Des mouvements de la terre suivant les signes du zodiaque.

107 De l'aphélie et de la périhélie; le plus ou moins d'obliquité des rayons du soleil et la durée des jours font la plus ou moins grande chaleur.

108. Des différentes zones terrestres.

109. De la division du temps; des époques des saisons.

110. Des calendriers; calendrier Julien, réformé par le pape Grégoire XIII, admis en Europe.

NEUVIÈME LEÇON.

111. De la lune; ses phases, son éloignement de la terre, ses dimensions; son aspect; est le satellite de la terre.

112. La lune éclipse le soleil, les planètes et les étoiles.

113. La lune nous transmet la lumière qu'elle reçoit du soleil; mesure de cette lumière.

114. Révolution de la lune autour de la terre; explication de ses phases; nouvelle lune; conjonction; premier quartier; pleine lune, opposition; dernier quartier; heures auxquelles elle se lève et se couche.

115. Explication des éclipses de soleil et de lune; des diverses espèces d'éclipses.

116 *jusqu'au n°.* 123. Tableau des différentes planètes, indiquant leur masse, leur distance du soleil, leur révolution diurne et de translation, etc.

124. Des comètes et de leur mouvement; sont des astres comme les autres, mais leur marche est moins régulière.

125. Principe mécanique du mouvement.

126. Des deux mouvements des planètes; loi de la gravitation des corps célestes; d'après cette loi, Newton a déduit la distance de la lune à la terre : de l'attraction universelle.

127. Nécessité de deux forces dans les mouvements des corps célestes.
128. La gravitation régit l'univers; elle s'exerce en raison des masses et des distances.
129. De la force de l'attraction dans la végétation et dans la germination.
130. Force de cohésion, ce que c'est.
131. De l'attraction capillaire; de ses effets sur la végétation.
132. Elle s'exerce dans le vide comme sous le poids de l'atmosphère.
133. Des affinités chimiques et des lois atomiques.
134. Des effets de l'affinité chimique et des lois atomiques sur la végétation.

DEUXIÈME PARTIE.

APPLICATION DES LOIS PHYSIQUES A L'AGRICULTURE.

DIXIÈME LEÇON.

135. Physiologie végétale de la germination; des *cotilédons;* de la plumule; de la radicule; de la terre.
136. Du pivot des racines.
137. Des tiges, des branches, des bourgeons, des feuilles, des fleurs, des fruits.
138. Epiderme, écorce, liber, aubier, moëlle.
139. Des vaisseaux particuliers des plantes.
140. De la moëlle; ses fonctions utiles.
141. Des feuilles et de leur usage; de la sève.
142. Des fleurs; des parties qui les composent.
143. Des semences et des fruits; péricarpe, ombilique, amnios, périsperme.
144. De la sève du printemps, de l'automne, du cambium, du liber; de la greffe.
145. Des substances organiques des plantes; gomme, sucre, fécule, mucilage, gluten, extrait, tannin, etc.; des acides acétique, tartrique, citrique, oxalique, malique, etc.; des huiles fixes, des huiles volatiles, etc.; des oxides de

potassium, de sodium, de fer, de manganèse; des sels sulfatés, muriatés, carbonatés, etc.; des terres, chaux, magnésie, etc.

146. Des sols arables et du mélange des terres pour former un bon sol; terrains argileux, siliceux, calcaire; terres fortes, terres légères, terres froides, terres brûlantes, terres tourbeuses; sources superficielles; épaisseur de la couche de terre arable; sous-sol; ses avantages et ses inconvénients; couleur de terre; nécessité du calcaire; *humus* végétal; son utilité; de l'eau d'absorption des terres; qualité d'un bon sol; moyens d'améliorer les sols par des mélanges; moyen de reconnaître les terres par l'aspect et par l'analyse.

147. Mode d'analyse des sols arables; résultats d'analyse de sols fertiles et infertiles.

ONZIÈME LEÇON.

148. Des amendements des terres différentes; des engrais dans les terres fortes argileuses; emploi du sable, de la marne calcaire, des cendres, des platras, de la chaux, des terres argileuses calcinées; dans les autres, l'argile, la marne forte.

149. Moyens de reconnaître les marnes calcaires et argileuses; assainissement des terrains inondés, des sols tourbeux; manière de corriger les sols infestés de sels ferrugineux.

150. Des engrais; terres vierges; action de l'humus ou terreau sur les terres.

151. Diverses espèces d'engrais : engrais animaux ; engrais végétaux; engrais mélangés; engrais minéraux; fumiers des fermes; soins à leur donner; nécessaire de ne pas perdre les gaz qui s'en dégagent; parcage des moutons; parcage de tous les animaux domestiques; engrais des oiseaux, des latrines; engrais liquides, puron, urines, etc.; chair musculaire; os broyés; poudrette; poissons de mer; dépouilles des cocons des vers à soie; tonsures de draps; noir animalisé, etc.

152. Engrais végétaux : récoltes enterrées en vert; tourbes avec fumiers; drèche, tourteaux oléagineux, suie, boue des rues, *composts*.
153. Engrais minéraux : plâtre, sel marin, muriate de chaux, etc.
154. De l'*écobuage :* de ses avantages et de ses inconvénients.
155. Des irrigations : de leur utilité; des moyens de les multiplier.

DOUZIÈME LEÇON.

156. Des labours et de leur utilité : labours à la bêche, à la pioche, à la charrue.
157. Le mode de labour doit varier suivant la nature du terrain.
158. Le nombre des labours doit varier suivant la nature des terres, et les engrais proportionnés à la profondeur des sillons.
159. Moyens d'améliorer la culture, en épargnant la main-d'œuvre par les assolements et les outils accélératifs; assolements usités en France.
160. Théorie des assolements; la jachère rarement utile; divers assolements.
161. Nécessité de remuer fréquemment la terre aux racines des plantes, pour qu'elles jouissent des influences atmosphériques.
162. De l'effritement des terres et de ses effets; de l'épuisement du sol.
163. Des avantages et des bénéfices d'un bon assolement.
164. La trop courte durée des baux nuit aux améliorations agricoles.
165. Des instruments agricoles qui épargnent la main-d'œuvre et qui doivent être successivement et progressivement employés dans les campagnes.
166. Des charrues : doivent varier suivant les localités.
167. De l'extirpateur.
168. Du peigne Machon.
169. Du rayonneur.

170. Herse triangulaire à manche.
171. Houe à cheval.
172. Scarificateur.
173. Semoirs : semoir Hugues.
174. Des différentes méthodes de couper les moissons.
175. Des machines et moulins à battre; leurs énormes avantages.

TREIZIÈME LEÇON.

176. Des moyens de conservation des récoltes : des granges, des meules, des silos; silos hongrois.
177. De la décomposition des corps organiques qui ont cessé de vivre ou de végéter; moyens que la nature emploie.
178. Conservation des fruits par la dessication.
179. Conservation du lait par évaporation de l'eau.
180. Conservation des racines.
181. Conservation des substances végétales et animales par le procédé Appert.
182. Divers modes de conservation par l'alcool, le vinaigre, le sucre; conservation des œufs.
183. Viandes salées; méthode d'Irlande.
184. Viandes fumées; méthode d'Hambourg.
185. Salaison du beurre; diverses méthodes.

QUATORZIÈME LEÇON.

186. Des habitations rurales; de leur assainissement.
187. Des étables et de leur assainissement.
188. De la nécessité de tenir les animaux dans un grand état de propreté, et de faire étriller les bœufs comme les chevaux.
189. De l'administration agricole; tenue d'une comptabilité simple, mais nécessaire.
190. Trop courte durée des baux empêche les améliorations agricoles; utilité de la clause anglaise; importance des propriétaires commanditaires.
191. Mode d'association des propriétaires.

192. Des fabriques rurales qui peuvent réussir dans les campagnes sans nuire aux travaux des champs; aisance qui en résulterait; l'association des cultivateurs entre eux pour fabriquer du sucre indigène, comme celle des Suisses et des habitants du Jura pour fabriquer le fromage, aurait de grands succès.

FIN.

IMPRIMERIE ET LITHOGRAPHIE DE SAINTE-AGATHE L'AÎNÉ.

www.ingramcontent.com/pod-product-compliance
Ingram Content Group UK Ltd.
Pitfield, Milton Keynes, MK11 3LW, UK
UKHW020216180726
13838UKWH00005B/2019